一起
吃飯吧！

激惡飯

激惡飯製作委員會／著

suncolor
三采文化

序言

我每天都會為家人做飯。
用自己親手做的料理守護家人的健康與孩子的成長,
這樣的念頭讓我覺得每天做飯這件事,
其實是一股莫大的責任。

因為肩負著如此重要的責任,
「自己一個人吃飯的時候隨便吃吃就好」
應該不少人會有這種想法吧?

為了彌補一下那樣的自己,
我會為自己做做想吃的料理。

當我把那些「超美味的邪惡料理」上傳至 IG 標記為「 # 激惡飯」
之後獲得廣大迴響,
「看起來好好吃!」、「真想做做看!」這些來自網友們的回應
讓我很開心。

希望「今日限定激惡飯」能為各位注入活力、舒心消疲,
進而做出更美味的飯菜。

激惡飯製作委員會代表 Gucci

Contents

Part 1 絕品激惡飯

Part 2 激辣激惡飯

Part 3 大份量激惡飯

Column 3

Part
4 **下酒菜**
激惡飯

【本書使用方法】

・1大匙＝15ml、1小匙＝5ml、1杯＝180ml，全部都是滿匙、滿杯的量。

・調味料未特別標示時，醬油是使用深色（濃口）醬油，砂糖是上白糖，奶油是有鹽奶
油，味噌依個人喜好。

・火力未特別標示時，請以中火烹調。

・烹調時間與溫度僅供參考，實際烹調時，請視情況斟酌。

・材料標示的「○人份」為參考量，書中圖片是依食譜份量做出來的實際成品照。無論是
獨樂樂或眾樂樂，請好好享用激惡飯。

WHAT IS GEKIWARU MESHI?

激惡飯是指？

高熱量、激辣、大份量
光看就覺得肚子餓的邪惡料理。
因為太邪惡了，吃的時候產生罪惡感，然後完全豁出去，
吃完的時候，心中盡是滿足感。
將料理的照片上傳到社群網站，還被網友戲稱是「美食恐攻」。

盡情享用激惡飯的3大原則

1 ### 別管熱量有多高

多肉多油的激惡飯，熱量當然也很高。做的時候難免會產生罪惡感，心想「這樣真的好嗎……」，但那正是激惡飯的醍醐味。順從你的本能，放手追求美味吧！

2 ### 調味料、辛香料隨意加

書中配料的調味料、辛香料的份量刻意標示為「依個人喜好酌量」。激惡飯就是要把減量的配料稍微爆量。偏愛重口味的人，想加多少盡情加。

3 ### 隨心所欲，想吃就做

怎麼做都好吃的激惡飯，做的時候別拘泥細節，暫時拋開平時那些心煩鬱悶的事，好好大吃一頓。尤其是趁家人不在或睡覺的時候偷偷獨享，越吃越嗨，爽度激增。

Part 1

絶品
激惡飯

B E S T G E K I W A R U M E S H I

惡到極點！
終極邪惡美味的
10道極惡料理

多汁的豬五花肉，扒飯扒到停不下來

蔥鹽豬肉蓋飯

重口味的蔥醬
擠上檸檬汁增添爽口酸味

材料〈1人份〉

豬五花肉塊	150g	鹽、胡椒	適量
長蔥	10cm	麵粉	1大匙
白飯	1碗	酒	1大匙
Ⓐ 雞粉	2小匙	荷包蛋	1個
麻油	1/2大匙	韓式泡菜	適量
檸檬汁	2大匙	美乃滋	適量
水	4大匙	檸檬	1/8個

作法

❶ — 豬五花肉切成5mm厚，撒上鹽、胡椒和麵粉。

❷ — 長蔥切絲，和Ⓐ放入容器混拌。

❸ — 平底鍋加熱，豬肉下鍋煎上色後，倒酒煎至表面酥脆。

❹ — 把❷的一半倒入❸的平底鍋內，煮到變成一半的量。

❺ — 碗內盛飯，擺上❹和荷包蛋。

❻ — 撒上剩下的❷，旁邊放韓式泡菜、美乃滋和檸檬。

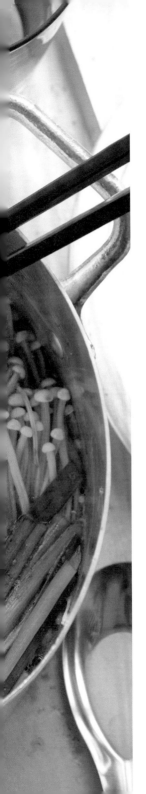

從鍋子直接吃！惡到零距離

激辣起司部隊鍋

加入起司片
使部隊鍋的辛辣變得溫潤順口

材料〈1人份〉

熱狗腸	2條	水	600ml
韭菜	3根	Ⓐ 雞粉	1大匙
長蔥	1/4根	韓式辣醬	2小匙
金針菇	1/3包	醬油	2小匙
豆芽菜	1/6包	胡椒	少許
泡麵	1包	韓國辣椒粉（粗粒）	
起司片（焗烤用）	1片		依個人喜好酌量
韓式泡菜	50g		

作法

1 － 熱狗腸對半斜切，韭菜切成5cm長，長蔥斜切成1cm寬。金針菇去蒂撥散。

2 － 煮滾一鍋水，倒入Ⓐ，再次煮滾。

3 － 接著放熱狗腸、長蔥、金針菇和豆芽菜，煮滾後加泡麵，不要撥散麵條。

4 － 待麵煮軟後，擺上起司片和韓式泡菜、韭菜，煮約30秒。

5 － 最後撒些辣椒粉即完成。

※強烈的鮮甜味是韓國辣椒的特徵。

簡單卻令人驚喜的美味！

熱狗腸荷包蛋蓋飯

醃漬了一晚的
大蒜醬油紫蘇葉是美味關鍵

材料〈1人份〉

大蒜	1瓣	七味辣椒粉	適量
紫蘇葉	5片	醬油	適量
熱狗腸	3條	鹽、胡椒	適量
荷包蛋	1個	Ⓐ 醬油	1大匙
白飯	1碗	┃ 麻油	1大匙
美乃滋	適量	┃ 韓國辣椒粉（粗粒）	1小匙

作法

❶ 【事前準備①】大蒜切薄片去芯。

❷ 【事前準備②】蒜片和紫蘇葉、Ⓐ放入保鮮盒靜置一晚，做成大蒜醬油醃紫蘇葉。

❸ 在熱狗腸表面斜劃幾刀，放入平底鍋炒一炒，撒些鹽、胡椒。

❹ 碗內盛飯，擺上大蒜醬油醃紫蘇葉、熱狗腸與荷包蛋。

❺ 旁邊擠美乃滋，撒些七味辣椒粉，淋上醬油。

※紫蘇葉用大蒜和醬油醃漬一晚，大蒜的風味就會滲入紫蘇葉，請務必這麼做。

強 烈 的 鮮 美 滋 味 在 口 中 擴 散

牛排蒜香飯

主角不是牛排，
而是吸飽肉汁的蒜香飯啊！

材料〈1人份〉

牛排肉	1塊	奶油	10g
大蒜	1瓣	酒	2大匙
鴨兒芹	3根	醬油	1大匙
白飯	1碗	鹽、胡椒	適量
牛油	1個		

作法

1 ─ 大蒜切薄片去芯，鴨兒芹大略切碎。

2 ─ 平底鍋內放牛油加熱，蒜片下鍋炸酥後撈起。

3 ─ 從冰箱取出牛肉，置於常溫下約5分鐘，切成骰子狀。

4 ─ 牛肉下鍋（**2**的平底鍋），撒些鹽、胡椒，表面煎上色，煎至8分熟左右，關火取出。

5 ─ 平底鍋內放奶油加熱融化，倒入飯和牛肉，加酒、醬油、鹽和胡椒拌炒。

6 ─ 盛盤，撒上炸酥的蒜片和鴨兒芹。

麻油香令人胃口大開

豬肉泡菜炊飯

豬肉與泡菜的黃金組合叫人無法抵抗
的韓式風味炊飯

材料〈1人份〉

豬五花肉片	90g	麻油	1/2小匙
韓式泡菜	90g	韓國海苔	適量
米	1杯	芝麻	適量
酒	1大匙	韓國辣椒粉（粗粒）	
醬油	1/2大匙		依個人喜好酌量
韓國調味粉（牛肉粉）	1小匙		

作法

1 － 豬肉切成方便入口的大小，泡菜稍微瀝乾湯汁。

2 － 將洗好的米倒入電鍋，加酒、醬油、牛肉粉，以及1杯煮米水（材料份量外）。再放豬肉、泡菜，按下炊飯鍵。

3 － 飯煮好後，加麻油輕輕混拌。

4 － 捏成三角飯糰，撒上切碎的海苔、芝麻和辣椒粉。

※韓國調味粉是濃縮各種食材精華的調味料，用於韓國料理的烹調。
　除了牛肉粉，還有小魚乾粉、花蛤粉等。
　如果沒有韓國牛肉粉，可用雞粉代替。

使用2種肉，份量爆表

肉多多茄汁義大利麵

日本咖啡廳人氣餐點的
激惡版，肉才是主角！

材料〈1人份〉

熱狗腸 ⋯⋯⋯⋯⋯⋯⋯ 4條
培根塊 ⋯⋯⋯⋯⋯⋯⋯ 100g
洋蔥 ⋯⋯⋯⋯⋯⋯⋯ 1/4個
青椒 ⋯⋯⋯⋯⋯⋯⋯ 1個
義大利麵 ⋯⋯⋯⋯⋯⋯ 100g
橄欖油 ⋯⋯⋯⋯⋯⋯⋯ 適量

Ⓐ 番茄醬 ⋯⋯⋯⋯⋯ 2又1/2大匙
　 伍斯特醬 ⋯⋯⋯⋯⋯ 1大匙
　 醬油 ⋯⋯⋯⋯⋯⋯ 1/2大匙
　 鹽、胡椒 ⋯⋯⋯⋯⋯ 適量
起司粉 ⋯⋯⋯⋯⋯ 依個人喜好酌量
辣醬 ⋯⋯⋯⋯⋯ 依個人喜好酌量

作法

❶ 熱狗腸斜切，培根切成方便入口的大小，洋蔥切薄片，青椒去蒂與籽，縱切成8等分。

❷ 煮義大利麵，煮的時間比包裝袋標示的時間少1分鐘。煮好後撈起，煮麵水保留備用。

❸ 平底鍋內倒橄欖油加熱，放入❶拌炒。

❹ 差不多炒熟後，加Ⓐ炒乾水分。

❺ 把煮好的義大利麵和1杓煮麵水加入❹，炒乾水分。

❻ 盛盤，撒上起司粉和辣醬。

這簡直就是美味的藏寶箱！

焗烤雞肉通心麵

切開吐司的瞬間，
熱呼呼的焗烤通心麵和半熟蛋頓時傾洩而出！

材料〈1～4人份〉

雞腿肉	1/2塊	胡椒	少許
洋蔥	1/2個	吐司	1條（約350～450g）
通心麵	50g	蛋	1顆
奶油	20g	披薩起司絲	適量
麵粉	3大匙	起司粉	適量
牛奶	500ml	麵包粉	適量
鹽	2/3小匙		

作法

1 － 雞肉切成方便入口的大小，洋蔥切成半月形塊狀。

2 － 平底鍋內放入奶油加熱融化，雞肉和洋蔥下鍋，撒些鹽、胡椒（材料份量外）拌炒。

3 － 待雞肉炒上色、洋蔥炒軟後，加入麵粉。

4 － 炒至麵粉沒有粉粒後，倒入牛奶仔細拌勻，以鹽、胡椒調味。

5 － 接著加入煮好的通心麵，煮至喜歡的稠度。

6 － 切掉吐司的上部，挖出上半部的吐司，下半部的吐司往下壓。

7 － 將**5**倒進挖空的部分，打入蛋，撒上披薩起司絲、起司粉、麵包粉。再放入已預熱至200℃的烤箱烤約5分鐘，烤至起司變得焦黃就完成了。

飽足感滿分，讓你直呼吃超飽

雙倍培根起司堡

肉餅、培根、起司，
全部都是雙倍大份量！

材料〈1人份〉

牛豬混合絞肉	100g	漢堡麵包	1個
洋蔥	1/4個	培根片	2片
麵包粉	2大匙	起司片（焗烤用）	1片
牛奶	1大匙	切達起司片	1片
蛋液	1/2顆的量	番茄醬	適量
鹽	1小匙	黃芥末醬	適量
黑胡椒	少許	酸黃瓜	1條
肉豆蔻	1/2小匙	沙拉油	1又1/2大匙

作法

❶ － 麵包粉加牛奶泡軟，漢堡麵包對半切開。

❷ － 平底鍋內倒1/2大匙沙拉油加熱，洋蔥切末後，下鍋炒至焦糖色，取出放涼。

❸ － 絞肉加❷、蛋液、鹽、黑胡椒、肉豆蔻、❶的麵包粉拌勻，放進冰箱冷藏約30分鐘。

❹ － 將❸分成2等分，塑整成扁圓形肉餅。平底鍋內倒1大匙沙拉油加熱，肉餅下鍋，蓋上鍋蓋，燜煎上色。把培根放在鍋內空出來的地方一起煎。

❺ － 完全煎熟後，關火。在2塊肉餅上各放1片起司片，蓋上鍋蓋燜蒸，讓起司融化。

❻ － 取出烤好的漢堡麵包底層置於盤內，疊放2塊肉餅，依序擺上培根、番茄醬、黃芥末醬、酸黃瓜，最後再放上頂層麵包夾好。

挖 開 溫 泉 蛋 ， 快 速 拌 一 拌

激 辣 肉 醬 拌 飯

辛辣肉醬配上
花椒的香氣令人食指大動

材料〈1人份〉

豬絞肉	200g	白飯	1碗
薑	1片	溫泉蛋	1個
大蒜	1瓣	花椒	2小匙
洋蔥	1/2個	麻油	1大匙
青蔥	適量	鹽、胡椒	適量
Ⓐ 豆瓣醬	2小匙	辣油	依個人喜好酌量
甜麵醬	2小匙	洋蔥酥	依個人喜好酌量
酒	2小匙	韓國辣椒粉（粗粒）	
醬油	1小匙		依個人喜好酌量

作法

❶ － 薑、大蒜、洋蔥切末，青蔥切成蔥花。

❷ － 平底鍋內倒麻油加熱，薑末、蒜末下鍋炒，炒至傳出香氣後，加洋蔥末一起拌炒。

❸ － 炒至洋蔥末變軟後，加絞肉一起拌炒。

❹ － 絞肉炒熟後，用紙巾擦掉鍋內多餘的油，加Ⓐ煮至變稠。以鹽、胡椒調味，再加花椒。

❺ － 把飯盛入容器，擺上❹和溫泉蛋，淋些辣油，撒些蔥花和洋蔥酥、辣椒粉。

鮪魚 × 辣油的新鮮感蓋飯！

辣油醃鮪魚蓋飯

攪開蛋黃混拌著吃
味道變得溫順

材料〈1人份〉

鮪魚生魚片	120g	蛋黃	1顆
白飯	1碗	蔥白絲	適量
醬油	3大匙	食用辣油	依個人喜好酌量
酒	1大匙	芝麻	適量
味醂	1大匙	麻油	1小匙
辣油	1小匙		

作法

1 － 鮪魚切成方便入口的大小。

2 － 醬油、酒、味醂倒入鍋內加熱，蒸發酒精成分。

3 － 鍋內液體放涼後，加辣油和鮪魚，醃漬約30分鐘。

4 － 碗內盛飯，擺上**3**的鮪魚，中央放蛋黃。撒些蔥白絲和芝麻，淋些食用辣油，最後淋上麻油。

享用激惡飯的方法

創造「激惡飯」的Gucci先生暢談
這個魅力爆表的料理是如何誕生,以及享用的方式。

是說,男人都愛份量十足的食物不是嗎?我也是如此,好比學生時代做過的料理,把大量的蔬菜炒肉放在泡麵上,或是加了滿滿起司、熱狗腸和辣醬的披薩吐司……。

會下廚的男人肯定做過那樣的料理,開始玩IG後,我把那些沒名字的料理取名為「#激惡飯」。

激惡飯是烹調時間短的單品料理,因此常用飯或麵製作。不拘泥細節,快速完成,大口狂嗑,這正是享用激惡飯的最佳方式。

請各位也多多嘗試,享受專屬於你的激惡飯!

〈 Gucci先生大推的激惡飯 〉

熱狗腸荷包蛋蓋飯

應該沒有人會不喜歡這道料理,普通的食材瞬間變成大餐。

▶ 作法請參閱P.12

肉多多茄汁義大利麵

培根×熱狗腸的重磅組合,一定要淋上大量的辣醬。

▶ 作法請參閱P.18

Part 2

激辣
激惡飯

GEKIKARA GEKIWARUMESHI

好辣！……可是，好好吃！！

追求味蕾刺激的人非吃不可，

15道頂級美味的勁辣料理。

香辣肉醬加韭菜，注入滿滿能量

激辣台灣乾拌麵

依個人喜好調整配料的種類與份量，
做出一大盤只屬於你的獨享美食！

材料〈1人份〉

豬絞肉	150g	鹽、胡椒	適量
韭菜	4根	麻油	1又1/2大匙
青蔥	適量	烤海苔	1片
油麵（粗麵）	1球	蛋黃	1顆
Ⓐ 豆瓣醬	1又1/2小匙	韓國辣椒粉（粗粒）	
燒肉醬（日式烤肉醬）	2大匙		依個人喜好酌量
酒	2小匙	辣油	依個人喜好酌量

作法

❶ － 韭菜切成3cm長，青蔥切成蔥花。

❷ － 平底鍋內倒1大匙麻油加熱，絞肉下鍋拌炒。

❸ － 絞肉炒熟後，加Ⓐ煨煮，以鹽、胡椒調味。

❹ － 依照包裝袋標示的時間煮油麵，煮好後盛入容器，擺上❸和韭菜、撕碎的烤海苔、蛋黃、辣椒粉，最後淋上1/2大匙麻油和辣油就完成了。

濃濃起司香，聞了食慾大增
焗烤麻婆豆腐蓋飯

辣椒和花椒這2種令人著迷的辣味
一吃就停不下來！

材料〈1人份〉

板豆腐	1/2塊	太白粉水	適量
豬絞肉	100g	花椒	依個人喜好酌量
麻油	1大匙	白飯	1碗
紅味噌	1大匙	Ⓐ 披薩起司絲	
豆瓣醬	1又1/2小匙		依個人喜好酌量
水	250ml	起司粉	依個人喜好酌量
雞粉	1/2大匙	麵包粉	適量
醬油	1大匙	辣椒絲	依個人喜好酌量
鹽、胡椒	適量		

作法

❶ — 豆腐切丁，放入煮滾的熱水（材料份量外）煮約1分鐘，撈起備用。

❷ — 平底鍋內倒麻油加熱，絞肉下鍋炒熟。

❸ — 接著加紅味噌、豆瓣醬，炒至傳出香氣。

❹ — 再加水和雞粉，煮滾後，放入豆腐。

❺ — 以中火加熱5分鐘，用醬油、鹽、胡椒調味，加太白粉水勾芡，放些花椒。

❻ — 把飯倒入耐熱容器內鋪平，淋上❺、撒些Ⓐ，放進已預熱200℃的烤箱烤約5分鐘。

❼ — 起司表面烤上色後取出，擺上辣椒絲。

竟然在咖哩上淋辣醬 ?!

激辣牛筋咖哩

牛筋的鮮味融入咖哩之中
美味程度不輸外面的店家

材料〈1～4人份〉

牛筋	300g	高湯塊	1個
長蔥（蔥青部分）	1根的量	月桂葉	1片
洋蔥	2個	咖哩塊（辣味）	1/2盒
馬鈴薯	1個	荷包蛋	1個
胡蘿蔔	1根	辣醬	依個人喜好酌量
白飯	1碗	黑胡椒	依個人喜好酌量
水	700ml	福神醬菜	依個人喜好酌量

作法

1 【事前準備①】牛筋整塊下鍋，倒入蓋過牛筋的水，加熱。煮滾後取出牛筋，去除多餘的脂肪或殘渣，用水沖洗。

2 【事前準備②】將牛筋切成適口大小，放回洗過的鍋子，加水、長蔥燉煮。煮約1小時，過程中撈除浮沫，煮到牛筋變軟。

3 牛筋煮軟後，取出長蔥。用餐巾紙過濾煮汁，倒入另一個碗裡。

4 另取一鍋，倒入牛筋和煮汁加熱，加高湯塊和月桂葉。若煮汁不夠可加水。再放切成適口大小的洋蔥、馬鈴薯、胡蘿蔔和咖哩塊一起燉煮。

5 盤內盛飯和**4**，擺上荷包蛋，淋些辣醬、撒些黑胡椒，旁邊放福神醬菜。

※做過事前準備的牛筋，除了變軟也能去除雜味。

現 炸 炸 雞 就 是 配 啤 酒 ！

香 辣 莎 莎 醬 炸 雞

爽口檸檬汁加墨西哥辣椒調成的
莎莎醬和炸雞超對味

材料〈1～2人份〉

雞腿肉	2塊	太白粉	3大匙
大蒜	1瓣	麵粉	2大匙
番茄	1/2個	Ⓑ 鹽	少許
洋蔥	1/8個	檸檬汁	1大匙
墨西哥醃辣椒	20g	黑胡椒	依個人喜好酌量
Ⓐ 酒	2大匙	辣椒	依個人喜好酌量
醬油	2大匙	辣醬	依個人喜好酌量
鹽	1小匙	萊姆	1/2個
蛋	1顆		
豆瓣醬	1/2小匙		
胡椒	少許		

作法

❶ — 雞肉切成適口大小，放入調理碗。加蒜泥和Ⓐ充分揉
拌，靜置約30分鐘。

❷ — 接著加太白粉和麵粉混拌。

❸ — 把❷用160℃的油（材料份量外）炸約4分鐘，起鍋瀝
乾油分。待油溫升至180℃後，再下鍋炸約1分鐘。

❹ — 番茄、洋蔥、墨西哥醃辣椒切末，和Ⓑ混合。

❺ — 炸雞盛盤，淋上大量的❹，擠上萊姆汁。

舒 爽 的 辣 度 ， 讓 人 捨 不 得 放 下 筷 子

激 辣 口 水 雞

材料〈2人份〉

雞胸肉 …………………………… 1塊
長蔥 ……………………………… 1根
豆芽菜 ………………………… 1/2包
香菜 ………………… 依個人喜好酌量
砂糖 ……………………… 1又1/2小匙
鹽 ………………………… 1又1/2小匙
酒 …………………………… 2大匙
Ⓐ 醬油 ……………………… 3大匙
　 醋 ………………………… 2大匙
　 砂糖 ……………………… 1大匙
　 辣油 …………………… 1/2大匙
　 麻油 …………………… 1/2大匙
　 韓國辣椒粉（粗粒）… 1/2大匙
　 市售蒜泥（軟管裝）……… 1cm

作法

❶ - 雞肉用砂糖和鹽搓拌，長蔥切末，豆芽菜先快速汆燙，再撈起備用。

❷ - 雞肉下鍋倒水（材料份量外），水量蓋過雞肉，再加酒，蓋上鍋蓋加熱。

❸ - 煮滾後以中火煮約5分鐘，關火不掀蓋，放涼。

❹ - 豆芽菜鋪盤，❸的雞肉切成適口大小，擺在豆芽菜上。淋上拌勻的Ⓐ、撒些❶的蔥末和大略切碎的香菜。

鮮 辣 開 胃 ， 喝 了 就 想 來 碗 飯

激 辣 銀 芽 湯 餃

材料〈2人份〉

牛豬混合絞肉	100g
白菜	1片
青蔥	適量
豆芽菜	1/4包
餃子皮	10片
水	500ml
Ⓐ 雞粉	2小匙
酒	1大匙
鹽、胡椒	適量
Ⓑ 雞粉	1/2大匙
醬油	1/2大匙
胡椒	少許
豆瓣醬	1/2小匙
辣油	依個人喜好酌量
韓國辣椒粉（粗粒）	
	依個人喜好酌量

作法

➊ — 白菜切末，用少許的鹽（材料份量外）搓揉，靜置約10分鐘，擠掉多餘水分。青蔥切成蔥花。

➋ — 絞肉加➊的白菜和Ⓐ，用手快速混拌，以餃子皮包好，包10個。

➌ — 鍋內倒水（材料份量外），煮滾後將餃子下鍋。

➍ — 另取一鍋，倒水和Ⓑ加熱，放入煮好的餃子。

➎ — 接著放豆芽菜快速汆燙，盛盤後撒些蔥花和辣椒粉。

使用兩種味噌是重點

激辣蔥肉味噌沾麵

將麵條充分沾裹
香辣醬汁後大口品嚐

材料〈1人份〉

豬絞肉	80g	ⓑ 水	150ml
油麵（粗麵）	1球	醋	1大匙
水煮蛋	1個	砂糖	1/2大匙
蔥白絲	適量	雞粉	1小匙
青蔥	適量	麻油	1大匙
ⓐ 紅味噌	1大匙	鹽、胡椒	適量
調和味噌	1/2大匙	辣油	依個人喜好酌量
豆瓣醬	1小匙	韓國辣椒粉（粗粒）	
			依個人喜好酌量

作法

1 – 青蔥切成蔥花。

2 – 平底鍋內倒入麻油加熱，將ⓐ下鍋炒至傳出香氣後，再放絞肉快速拌炒。

3 – 絞肉炒熟後，加ⓑ煮至滾沸，接著加鹽、胡椒調味。

4 – 另取一鍋倒水（材料份量外），煮滾後放入撥散的油麵。煮好後撈起，用冷水沖洗表面的黏質。

5 – 將麵條盛入容器，擺上蔥白絲、蔥花和對半切開的水煮蛋，淋些辣油、撒些辣椒粉。把**3**的沾醬裝入另一個容器。

只要一只鍋子就能輕鬆完成！

激辣韓式牛肉湯麵

濃縮了食材精華的湯
讓人想喝到一滴不剩

材料〈1人份〉

牛五花肉片	50g	水	600ml
韭菜	3根	韓式辣醬	1又1/2小匙
黃豆芽	1/5袋	韓國辣椒粉（粗粒）	
醬油泡麵	1包		依個人喜好酌量
蛋	1顆	黑胡椒	依個人喜好酌量

作法

1 - 牛肉切成適口大小，韭菜切成5cm長。

2 - 鍋內倒水加熱，放入韓式辣醬攪溶。水煮滾後加牛肉、泡麵和豆芽菜。

3 - 麵煮軟後，加泡麵的調味粉和蛋液。

4 - 蛋凝固後，加韭菜略為煮滾。

5 - 盛入容器，撒上辣椒粉和黑胡椒。

日 式 烤 肉 醬 是 調 味 關 鍵 ！

激 辣 小 腸 烏 龍 麵

吸足小腸鮮味的麵條與蔬菜
好吃到一口接一口

材料〈1～2人份〉

小腸	200g
高麗菜	1片
豆芽菜	1/4包
烏龍麵（熟麵）	2球
荷包蛋	1個
沙拉油	1/2大匙

Ⓐ 日式高湯 ·········· 50ml
　日式烤肉醬 ·········· 3大匙
　酒 ·········· 1大匙
　豆瓣醬 ·········· 1小匙
鹽、胡椒 ·········· 適量
韓國辣椒粉（粗粒）
·········· 依個人喜好酌量

作法

❶ ─ 小腸切成適口大小，高麗菜大略切塊。

❷ ─ 平底鍋內倒沙拉油加熱，小腸下鍋，煮熟後加高麗菜拌炒。

❸ ─ 高麗菜炒軟後，放入撥散的豆芽菜和烏龍麵一起炒。

❹ ─ 接著加Ⓐ，炒至湯汁收乾，以鹽、胡椒調味。

❺ ─ 盛盤，擺上荷包蛋，撒些辣椒粉。

充分拌裹麻婆醬再享用

麻婆煎麵

嘗試炒麵新吃法，
下鍋煎成香酥煎麵！

材料〈1人份〉

板豆腐	1/2塊	鹽、胡椒	適量
豬絞肉	100g	太白粉水	適量
麻油	2又1/2大匙	花椒	依個人喜好酌量
豆瓣醬	1又1/2小匙	炒麵麵條	1球
紅味噌	1大匙	蔥白絲	適量
水	250ml	韓國辣椒粉（粗粒）	
雞粉	1/2大匙		依個人喜好酌量
醬油	1大匙		

作法

1 — 豆腐切丁，放入煮滾的熱水（材料份量外）煮約
1分鐘，撈起備用。

2 — 平底鍋內倒1大匙麻油加熱，絞肉下鍋炒熟。

3 — 接著加豆瓣醬、紅味噌，炒至傳出香氣。

4 — 再加水和雞粉，煮滾後，放入豆腐。

5 — 以中火加熱5分鐘，用醬油、鹽、胡椒調味，加
太白粉水勾芡，放些花椒。

6 — 另取一平底鍋，倒1又1/2大匙麻油加熱，放入撥
散的麵條，煎至兩面酥脆。

7 — 將煎麵盛盤，淋上**5**，旁邊擺放蔥白絲，再撒些
辣椒粉。

番 茄 × 章 魚 × 辣 椒 的 紅 通 通 義 大 利 麵

惡魔章魚義大利麵

最後擠上檸檬汁，
為辣椒的辣味增添爽口感！

材料〈1人份〉

水煮章魚	100g	橄欖油	2大匙
洋蔥	1/4個	檸檬	1/8個
大蒜	2瓣	Ⓐ 鹽	1小匙
義大利麵	100g	乾燥奧勒岡	少許
切丁番茄罐頭	1/2罐（200g）	乾燥羅勒	少許
辣椒	4根	月桂葉	1片
白酒	1大匙	黑胡椒	適量

作法

1 － 章魚切成適口大小，洋蔥切末，大蒜去芯後壓爛。

2 － 將壓爛的大蒜（1瓣的量）和1大匙橄欖油放入平底鍋，小火加熱。

3 － 傳出香氣後，加章魚和白酒，章魚煮熟後，連同湯汁取出。

4 － 接著在平底鍋內倒1大匙橄欖油、剩下的大蒜和去籽的辣椒加熱，傳出香氣後，放洋蔥末拌炒。

5 － 洋蔥末炒軟後，加入Ⓐ和整罐的切丁番茄罐頭，煮至剩下約1/3的湯汁。

6 － 煮義大利麵，煮的時間比包裝袋標示的時間少1分鐘，煮麵水保留備用。

7 － 把章魚和義大利麵加進**5**裡，加約半杓的煮麵水，煮至入味。

8 － 盛盤，旁邊放檸檬。

回味無窮的香辣滋味

起司辣肉醬玉米片

材料〈1～4人份〉

牛豬混合絞肉	200g
洋蔥	1/2個
大蒜	1瓣
綜合豆（罐頭）	100g
番茄罐頭（整顆）	1罐（400g）
辣椒	2根
Ⓐ 辣椒	1/2小匙
小茴香粉	1/2小匙
香菜粉	1/2小匙
橄欖油	1大匙
紅酒	100ml
月桂葉	1片
鹽、胡椒	適量
玉米片	2包
披薩起司絲	依個人喜好酌量
墨西哥醃辣椒	依個人喜好酌量
辣醬	依個人喜好酌量

作法

❶ — 洋蔥切末，大蒜去芯壓爛，番茄倒入網篩瀝乾水分。

❷ — 平底鍋內倒橄欖油、去籽的辣椒和大蒜，以小火加熱。傳出香氣後，加絞肉、洋蔥末、綜合豆拌炒。絞肉大略炒熟後，加Ⓐ炒至傳出香氣。

❸ — 接著加❶的番茄、紅酒、月桂葉，煮至剩下約1/3的湯汁，以鹽、胡椒調味。

❹ — 將玉米片鋪在耐熱盤內，擺上❸和起司絲，放入烤箱烤約10分鐘。烤好後取出，擺上醃辣椒，淋些辣醬。

咖 哩 香 讓 人 食 慾 全 開

香 辣 咖 哩 雞 翅

材料〈2人份〉

雞翅	8隻
大蒜	1瓣
太白粉	2大匙
Ⓐ 醬油	1大匙
酒	1大匙
鹽	1/3小匙
胡椒	少許
Ⓑ 咖哩粉	1大匙
黑胡椒	1大匙
鹽	1小匙
香菜	適量

作法

1 － 大蒜去皮磨成泥。

2 － 雞翅的關節部分用廚房剪刀剪開，裝入塑膠袋，加蒜泥、Ⓐ揉拌，靜置約30分鐘。

3 － 用廚房紙巾擦乾雞翅的水分，均勻撒上太白粉。

4 － 接著以160℃的油（材料份量外）炸約4分鐘，起鍋瀝乾油分。再待油溫升至180℃後，再下鍋炸約1分鐘。

5 － 瀝乾雞翅的油分，和Ⓑ一起裝入耐熱袋內充分搖晃拌勻。盛盤，旁邊放香菜。

張 大 嘴 一 口 咬 下

香辣熱狗堡

以多種香料搭配出
有層次的辣味，在口中擴散

材料〈3人份〉

牛豬混合絞肉	200g	橄欖油	1大匙
洋蔥	1/2個	紅酒	100ml
大蒜	1瓣	月桂葉	1片
綜合豆罐頭	100g	鹽、胡椒	適量
番茄罐頭（全顆）		德式香腸	3條
	1罐（400g）	熱狗堡麵包	3個
辣椒	2根	墨西哥醃辣椒	
Ⓐ 辣椒	1/2小匙		依個人喜好酌量
小茴香粉	1/2小匙	洋蔥酥	依個人喜好酌量
香菜粉	1/2小匙	辣醬	依個人喜好酌量

作法

❶ – 洋蔥切末，大蒜去芯壓爛，番茄倒入網篩瀝乾水分。

❷ – 平底鍋內倒入橄欖油、去籽的辣椒和大蒜，以小火加熱。傳出香氣後，加絞肉、洋蔥末、綜合豆拌炒。絞肉大略炒熟後，加Ⓐ炒至傳出香氣。

❸ – 接著加❶的番茄、紅酒、月桂葉，煮至剩下約1/3的湯汁，以鹽、胡椒調味。

❹ – 麵包夾入煮過的德式香腸，擺上大量的❸。

❺ – 盛盤，放上醃辣椒、洋蔥酥，淋些辣醬。

大口狂嗑彈牙鮮蝦

激辣乾燒蝦

乾燒蝦加辣醬
變化出新奇滋味

材料〈1～2人份〉

帶殼蝦	10隻	麻油	1大匙
長蔥	1/4根	豆瓣醬	1小匙
大蒜	1瓣	番茄醬	2又1/2大匙
酒	4大匙	醬油	1/2大匙
鹽、胡椒	適量	蔥白絲	適量
太白粉	適量	辣醬	依個人喜好酌量

作法

1 – 長蔥切末,大蒜去芯切末。

2 – 蝦子剝殼留尾,去除腸泥後洗淨。加3大匙酒、鹽、胡椒充分揉拌,靜置醃漬約10分鐘。

3 – 用廚房紙巾擦乾蝦子的水分,撒上太白粉,以180℃的油(材料份量外)略炸一會兒。

4 – 平底鍋內倒麻油加熱,放長蔥末、蒜末拌炒。

5 – 炒至傳出香氣後,加豆瓣醬、番茄醬一起炒,稍微炒乾水分。

6 – 接著加1大匙酒、醬油混拌,再放蝦子炒至入味。

7 – 盛盤,旁邊放蔥白絲,均勻淋上辣醬。

家人喜歡的料理

每天為家人做飯的煮夫奶爸Gucci先生。
IG上除了分享美味的激惡飯，也有做給家人享用的愛心料理。

我太太和女兒的口味喜好很好掌握。她們最愛所謂的「兒童餐」，像是咖哩或炸蝦、焗烤通心麵、肉醬義大利麵等。雖然我都暗自獨享激惡飯，但最近她們似乎也迷上了……（笑）。因為是家人特製的版本，所以取名為「小惡飯」。

〈 太太喜歡的料理 〉

絞肉咖哩

吃咖哩的日子，配合彼此的喜好，製作2種口味。

烤飯糰

有剩飯的時候，全部做成烤飯糰，頓時一掃而空。

〈 女兒喜歡的料理 〉

炸雞

每次問女兒「你想吃什麼？」，她總是回答「炸雞！」。

焗烤

有時為了補償家人，做了一整桌太太和女兒喜歡的料理。

Part 3

大份量
激惡飯

VOLUME GEKIWARUMESHI

理智通通拋開！

大吃特吃滿足無底洞的食慾

20道爆量料理

多 到 蓋 住 雞 排 的 多 蜜 醬

雞 排 飯

大份量的雞排
擺在飯上，吃完好滿足！

材料〈1人份〉

雞胸肉 ····················· 1塊
白飯 ························· 1碗
Ⓐ 蛋 ······················ 1顆
　 麵粉 ···················· 4大匙
　 水 ······················ 2大匙
麵包粉 ····················· 適量
鹽、胡椒 ·················· 適量

Ⓑ 罐裝多蜜醬 ·········· 50g
　 紅酒 ···················· 50ml
　 水 ······················ 50ml
　 番茄醬 ················· 1大匙
　 鹽、胡椒 ·············· 適量
水煮蛋 ····················· 1個
淺漬白菜 ·················· 適量
美乃滋 ····· 依個人喜好酌量
一味辣椒粉
　············· 依個人喜好酌量

作法

❶ – 雞胸肉用菜刀切成均等厚度，以鹽、胡椒調味。

❷ – 接著放入調理碗，依序沾裹混合過的Ⓐ和麵包粉，以180℃的油（材料份量外）炸約5分鐘。

❸ – 另取一鍋，倒入Ⓑ煮滾。

❹ – 盤內盛飯，擺上切成適口大小的❷，淋些❸。

❺ – 旁邊放水煮蛋、淺漬白菜、美乃滋，撒上一味辣椒粉。

挖開蛋黃，一次享受雙重美味

醬炒豬五花飯

如果再加炒麵
飽足感大提升！

材料〈1人份〉

豬五花肉片	100g	紅薑絲	依個人喜好酌量
白飯	1碗	美乃滋	依個人喜好酌量
荷包蛋	1個	海苔粉	依個人喜好酌量
沙拉油	1大匙	洋蔥酥	依個人喜好酌量
鹽、胡椒	適量	一味辣椒粉	依個人喜好酌量
酒	2大匙	黑胡椒	依個人喜好酌量
Ⓐ 伍斯特醬	2大匙		
醬油	1/2大匙		
咖哩粉	少許		

作法

❶ － 豬肉切成4cm寬。

❷ － 平底鍋內倒沙拉油加熱，豬肉下鍋炒，撒些鹽、胡椒。豬肉炒上色後，加飯和酒，以大火翻炒。

❸ － 飯炒散後，加Ⓐ炒乾水分。

❹ － 盛盤，擺上荷包蛋，旁邊放紅薑絲、美乃滋，撒些海苔粉、洋蔥酥、一味辣椒粉和黑胡椒。

想用湯匙大口舀來吃

雞排蒜香飯

加了大塊雞肉的
蒜香飯，吃完元氣滿滿

材料〈1人份〉

雞腿肉	1/2塊	蒜粉	依個人喜好酌量
大蒜	1瓣	酒	2大匙
青蔥	適量	鹽、胡椒	適量
白飯	1碗	醬油	1小匙
橄欖油	1大匙	檸檬	1/4個

作法

❶ 大蒜切薄片去芯，青蔥切成蔥花，雞肉置於常溫下約5分鐘。

❷ 平底鍋倒橄欖油加熱，蒜片下鍋炸酥後撈起。

❸ 雞皮朝下放入❷的鍋中，加酒，蓋上鍋蓋，中火燜煎3分鐘，翻面後再蓋上鍋蓋燜煎5分鐘。再次翻面撒上蒜粉，不蓋鍋蓋，小火煎3分鐘後取出。

❹ 如果鍋內的油不夠，加少量的橄欖油（材料份量外），飯下鍋拌炒，以酒、鹽、胡椒、醬油調味。

❺ 雞肉切成適口大小，和❹一起盛盤，旁邊放檸檬，撒上酥脆蒜片、蔥花。

狂嗑好幾碗的台灣國民美食

焢肉飯（滷肉飯）

材料〈1人份〉

豬五花肉塊	150g
水煮蛋	1顆
白飯	1碗
麻油	1大匙
Ⓐ 蠔油	1/2大匙
砂糖	1大匙
醬油	2大匙
酒	50ml
水	300ml
五香粉（如果有的話）	1小撮
醃黃蘿蔔	適量

作法

❶ – 豬肉切成5mm厚的薄片。

❷ – 平底鍋倒麻油加熱，豬肉下鍋炒至上色。

❸ – 接著加Ⓐ和水煮蛋，煮至剩下約1/3的滷汁。

❹ – 碗內盛飯，擺上❸，均勻淋上滷汁，旁邊放對半切開的水煮蛋和醃黃蘿蔔。

超 完 美 的 配 飯 組 合 ！

明太子芥菜飯

材料〈1人份〉

醃芥菜	100g
辣椒	1根
蛋黃	1顆
辣明太子	1條
白飯	1碗
醬油	1大匙
麻油	1大匙
芝麻	適量
韓國海苔	適量
韓國辣椒粉（粗粒）	適量

作法

❶ — 醃芥菜切碎，擠乾湯汁。

❷ — 平底鍋內倒麻油、放去籽的辣椒加熱，讓辣味滲入油中。

❸ — 接著加芥菜和醬油，炒乾湯汁。

❹ — 碗內盛飯，擺上❸和蛋黃、明太子，撒些芝麻、撕碎的海苔、辣椒粉。

擺上滿滿的豬五花

黯然銷魂飯

甜鹹醬汁滲入飯中
一吃上癮的失魂美味

材料〈1人份〉

豬五花肉塊	100g	白飯	1碗
Ⓐ 砂糖	1/2大匙	荷包蛋	2個
醬油	2又1/2大匙	沙拉油	1/2大匙
味醂	1又1/2大匙	紅薑絲	依個人喜好酌量
水	150ml	美乃滋	依個人喜好酌量
長蔥（蔥青部分）	1根的量	七味辣椒粉	依個人喜好酌量
酒	3大匙		

作法

❶ 【事前準備①】平底鍋內倒沙拉油加熱，豬五花肉塊下鍋煎至上色。另取一小鍋，放入Ⓐ和豬肉煮滾，煮至剩下約1/3的滷汁。

❷ 【事前準備②】關火放涼，將豬肉連同滷汁一起裝入夾鏈保鮮袋，擠出空氣，放進冰箱冷藏一晚。

❸ 取出❷，放入鍋中煮滾，煮至滷汁變稠。

❹ 起鍋，切成適口大小。

❺ 盤內盛飯，擺上豬肉和荷包蛋，淋些滷汁。

❻ 酌量放紅薑絲、美乃滋，撒上七味辣椒粉。

甜鹹醬汁好開胃

烤肉沙拉

材料〈2人份〉

牛五花肉片	100g
洋蔥	1/4個
皺葉萵苣	5片
小黃瓜	1/2條
芽菜	1束
鹽、胡椒	適量
日式烤肉醬（燒肉醬）	4大匙
酒	2大匙
沙拉油	1/2大匙
美乃滋	適量
花生	10粒

作法

1 － 牛肉切適口大小，洋蔥切薄片。

2 － 平底鍋內倒沙拉油加熱，**1**下鍋，加鹽、胡椒拌炒。

3 － 牛肉炒熟、洋蔥炒軟後，加日式烤肉醬、酒煮稠。

4 － 將撕成適口大小的萵苣、切薄片的小黃瓜、芽菜盛盤，擺上**3**。

5 － 均勻擠上美乃滋，撒上敲碎的花生碎即可。

豪邁擺上一整條明太子

日式煎蛋捲 × 辣明太子 × 滷糯米椒蓋飯

材料〈1人份〉

糯米椒 ·· 5根
小魚乾 ·· 1小撮
蛋 ·· 2顆
辣明太子 ······································ 1條
白飯 ·· 1碗
Ⓐ 高湯 ··· 100ml
　薄口（淡色）醬油 ·················· 1/2大匙
　醬油 ··· 1/2小匙
　味醂 ··· 1/2大匙
Ⓑ 高湯 ··· 1又1/2大匙
　鹽 ·· 少許
沙拉油 ··· 適量

作法

❶ — Ⓐ倒入鍋內加熱，煮滾後放糯米椒、小魚乾煮至軟爛。

❷ — 蛋加Ⓑ充分攪散，倒入加了沙拉油的煎蛋鍋煎成蛋捲。

❸ — 碗內盛飯，擺上❶、煎蛋捲和明太子。

淋上滿滿甜辣醬汁的基本款激惡飯

豬排丼

打了2顆蛋又擺上溫泉蛋
飽足度爆表的超豐盛豬排飯

材料〈1人份〉

豬里肌肉	1塊	蛋液	2顆的量
洋蔥	1/6個	白飯	1碗
鴨兒芹	3根	Ⓑ 高湯	80ml
溫泉蛋	1個	砂糖	1/2大匙
Ⓐ 蛋	1顆	味醂	1/2大匙
麵粉	4大匙	薄口（淡色）醬油	1/2大匙
水	2大匙	醬油	1/2大匙
麵粉	適量	酒	1/2大匙
鹽、胡椒	適量	七味辣椒粉	依個人喜好酌量

作法

❶ — 洋蔥切薄片，鴨兒芹大略切碎。

❷ — 豬肉用鹽、胡椒調味，依序沾裹倒入調理碗混合的Ⓐ和麵包粉，以180℃的油（材料份量外）炸約7分鐘。

❸ — Ⓑ和洋蔥放入鍋內加熱，洋蔥煮軟後，將切成適口大小的豬排下鍋，加2/3量的蛋液，蓋上鍋蓋。

❹ — 蛋凝固後，再加剩下的蛋液，蓋上鍋蓋並關火。

❺ — 碗內盛飯，擺上❹。

❻ — 再放溫泉蛋，撒些鴨兒芹和七味辣椒粉。

亞 洲 風 味 的 激 惡 麵 料 理

羅勒牛肉異國風拌麵

最後擠上萊姆汁
讓味道變得清爽

材料〈1人份〉

牛五花肉片	80g
大蒜	1瓣
油麵（粗麵）	1包
沙拉油	1大匙
Ⓐ 魚露	1/2小匙
蠔油	1/2小匙
黑胡椒	少許
Ⓑ 魚露	1/3大匙
蠔油	1/3大匙
甜辣醬	1大匙
麻油	1/3大匙
醋	1大匙
甜羅勒	3片
花生	5粒
韓國辣椒粉（粗粒）	依個人喜好酌量
萊姆	1/4個

作法

❶ – 牛肉切成適口大小，大蒜切薄片去芯。

❷ – 平底鍋內倒沙拉油、蒜片加熱。傳出香氣後，放牛肉下鍋炒，炒熟後加Ⓐ。

❸ – 另取一鍋倒水（材料份量外），煮滾後放入撥散的油麵。煮好後撈起。

❹ – 將麵條盛入容器，用混合過的Ⓑ和麻油、醋拌一拌。擺上牛肉，撒些撕碎的羅勒、敲碎的花生、辣椒粉，擠上萊姆汁。

北 海 道 釧 路 在 地 美 食 的 特 大 版

草鞋炸肉排義大利麵

炸肉排×義大利麵×肉醬的
重量級美食

材料〈2人份〉

牛豬混合絞肉	300g
洋蔥	1/2個
大蒜	1瓣
番茄罐頭（整顆）	1罐（400g）
橄欖油	1大匙
Ⓐ 紅酒	200ml
鹽	2小匙
砂糖	1小匙
月桂葉	1片
黑胡椒	適量

肉豆蔻	1小匙
鹽、胡椒	適量
豬里肌肉	1塊
Ⓑ 蛋	1顆
麵粉	50g
水	100ml
麵包粉	適量
義大利麵	200g
起司粉	依個人喜好酌量
辣醬	依個人喜好酌量
黑胡椒	依個人喜好酌量

作法

❶ 洋蔥切末，大蒜去芯壓爛，番茄瀝乾水分。

❷ 平底鍋內倒橄欖油加熱，大蒜下鍋，小火加熱。傳出香氣後，加絞肉和洋蔥拌炒。

❸ 絞肉炒熟後，加肉豆蔻，炒至傳出香氣。接著加番茄和Ⓐ，煮至剩下約1/3的湯汁，以鹽、胡椒調味。

❹ 豬里肌肉用鹽、胡椒調味，依序沾裹倒入調理碗混合的Ⓑ和麵包粉，以180℃的油（材料份量外）炸約5分鐘。

❺ 依照包裝袋標示的時間煮義大利麵，煮好後撈起。

❻ 義大利麵盛盤，擺上切成適口大小的豬排，淋上❸。

❼ 最後撒些起司粉、黑胡椒，淋上辣醬。

最後淋的鮮奶油真是太激惡了

牛肉醬蛋包飯

蛋包最好是半熟！
淋上滿滿的牛肉醬一起吃

材料〈1人份〉

牛五花肉片	200g	水	500ml
洋蔥	1個	月桂葉	1片
蘑菇	5個	牛肉醬調理包	1/2包
蛋	2顆	Ⓐ 奶油	適量
牛奶	1大匙	鹽、胡椒	適量
白飯	1碗	奶油	10g
沙拉油	適量	鮮奶油	依個人喜好酌量

作法

❶ － 牛肉切成適口大小，洋蔥和蘑菇切薄片。

❷ － 鍋內倒沙拉油加熱，牛肉下鍋炒熟後，放洋蔥和蘑菇拌炒。全部炒熟後，加水、月桂葉、牛肉醬燉煮。

❸ － 飯和Ⓐ混拌，做成奶油飯。

❹ － 蛋加牛奶充分攪散，在已加熱的平底鍋內放奶油加熱融化，倒入蛋液，煎至半熟。

❺ － 奶油飯盛盤，蓋上❹的半熟蛋，淋上大量的❷，再淋些鮮奶油。

幾乎看不到麵的邪惡感

叉燒麵

鋪在麵上的自製叉燒
想吃多少就放多少

材料〈1人份〉

豬五花肉塊	1條	泡麵	1包
沙拉油	1/2大匙	水煮蛋	1個
Ⓐ 醬油	5大匙	長蔥（切成蔥花）	適量
味醂	3大匙	黑胡椒	少許
砂糖	1大匙		
水	300ml		
長蔥（蔥青部分）	1根		

作法

❶ ─ 【事前準備①】製作特大叉燒，將豬五花肉塊捲起，用棉線綁住定型。平底鍋內倒沙拉油加熱，豬肉下鍋煎至均勻上色。

❷ ─ 【事前準備②】取一小鍋，放入Ⓐ和豬肉煮滾，煮至剩下約1/3的滷汁。

❸ ─ 【事前準備③】放涼後，將豬肉連同滷汁一起裝進夾鏈保鮮袋，擠出空氣，放進冰箱冷藏一晚。

❹ ─ 取出❸，放入平底鍋加熱。

❺ ─ 起鍋，解開棉繩，切成喜歡的厚度。

❻ ─ 泡麵煮好後，鋪放叉燒，擺上對半切開的水煮蛋和蔥花，撒些黑胡椒。

※製作叉燒時，為了定型必須用棉線綁住豬五花肉。

超 出 麵 包 的 犯 規 美 味

爆量塔塔醬魚排堡

材料〈2人份〉

白肉魚片	200g
Ⓐ 蛋	1顆
麵粉	50g
水	100ml
麵包粉	適量
洋蔥	1/4個
酸黃瓜	1條
水煮蛋	1個
美乃滋	3大匙
熱狗堡麵包	2個
鹽、胡椒	適量

作法

❶ － 洋蔥切末，泡水後擠乾水分。酸黃瓜和水煮蛋切末。

❷ － ❶和美乃滋拌勻，以鹽、胡椒一起調味。

❸ － 白肉魚切成適口大小，撒上鹽、胡椒，靜置約5分鐘，用廚房紙巾擦乾水分。

❹ － 接著依序沾裹混合過的Ⓐ、麵包粉，以160℃的油（材料份量外）炸約5分鐘。

❺ － 麵包內夾入大量的❷，插入❹。

大阪燒醬想吃多少就淋多少

馬鈴薯沙拉╳豬排的單片三明治

材料〈1人份〉

豬里肌肉	1塊
Ⓐ 蛋	1顆
麵粉	50g
水	100ml
麵包粉	適量
馬鈴薯	1個
水煮蛋	2個
Ⓑ 美乃滋	2又1/2大匙
鹽、胡椒	適量
芥末籽醬	1/2大匙
吐司（6片裝）	1片
大阪燒醬	依個人喜好酌量
鹽、胡椒	適量

作法

❶ – 豬肉用鹽、胡椒調味，依序沾裹混合過的Ⓐ、麵包粉，以180℃的油（材料份量外）炸約5分鐘。

❷ – 馬鈴薯水煮後，去皮壓爛放涼，加1個大略切碎的水煮蛋和Ⓑ混拌，做成馬鈴薯沙拉。

❸ – 將切成適口大小的豬排和馬鈴薯沙拉擺在烤過的吐司上，剩下的水煮蛋對半切開放在旁邊，淋上大阪燒醬。

蛋 的 量 多 到 爆 炸

雞蛋三明治

蛋先用伍斯特醬
充分醃漬一晚

材料〈1人份〉

水煮蛋	6個	吐司（6片裝）	2片
伍斯特醬	3大匙	乳瑪琳	適量
洋蔥	1/4個	辣椒粉	少許
酸黃瓜	1條		
Ⓐ 美乃滋	3大匙		
鹽、胡椒	適量		

作法

❶ — 【事前準備】將伍斯特醬和5個水煮蛋放入夾鏈保鮮袋，靜置一晚。

❷ — 洋蔥切末，泡水後擠乾水分。酸黃瓜和剩下的水煮蛋切末，加Ⓐ混拌。

❸ — 在2片吐司上塗抹乳瑪琳和**❷**。

❹ — 把**❶**的水煮蛋全部對半切開，擺在1片吐司上，放另1片吐司夾住，用蠟紙包好。

❺ — 靜置約10分鐘，擺在盤中切半，撒上辣椒粉。

從切面流出的起司醬太誘人了

肉醬熱狗腸熱三明治

材料〈1人份〉

吐司（12片裝）	2片
肉醬	適量
熱狗腸	3根
墨西哥醃辣椒	4片
披薩起司絲	依個人喜好酌量

作法

1 — 將肉醬、熱狗腸、醃辣椒、起司絲依序擺在吐司上，蓋上另一片吐司。

2 — 用三明治機烤至起司融化，盛盤後對半切開。

※肉醬的作法請參閱P.75，也可使用市售品。

淋上濃郁起司醬，份量滿滿！

起司醬炸雞

材料〈2人份〉

帶骨雞腿肉	2根
Ⓐ 牛奶	150ml
蛋	1顆
大蒜（磨成泥）	1瓣的量
鹽	2小匙
胡椒	少許
Ⓑ 麵粉	50g
多香果（牙買加胡椒）	1小匙
鹽	1小匙
起司鍋調理包	1個

作法

❶ – 將Ⓐ倒入夾鏈保鮮袋混勻，放入雞肉靜置約1小時。

❷ – 依照說明書指示製作起司鍋的醬，請小心不要煮焦。

❸ – 擦乾雞肉的水分，沾裹混合過的Ⓑ，以180℃的油（材料份量外）炸約7分鐘。

❹ – 雞肉炸熟後，瀝乾油分盛盤，淋上大量的❷。

用 掉 一 整 條 棍 子 麵 包

焗 烤 洋 蔥 湯 鍋

材料〈4人份〉

洋蔥	1/2個
棍子麵包	1條
培根片	30g
高湯塊	2個
水	1L
鹽、胡椒	適量
橄欖油	1大匙
披薩起司絲	80g
起司粉	適量
麵包粉	適量

作法

1 － 洋蔥切末，棍子麵包切成3cm厚，培根切成適口大小。

2 － 烤鍋內倒橄欖油加熱，洋蔥末下鍋炒至焦糖色。

3 － 再放培根略炒，加水和高湯塊煮滾，以鹽、胡椒調味。

4 － 接著鋪放麵包片，均勻撒上起司絲、起司粉和麵包粉，放進已預熱至200℃的烤箱烤至表面焦黃。

燉 牛 筋 的 激 惡 版

焗 烤 燉 菜

材料〈1人份〉

牛筋	300g
長蔥（蔥青部分）	1根
洋蔥	1個
胡蘿蔔	1根
馬鈴薯	1個
燉牛肉醬塊	1/2盒
高湯塊	1個
月桂葉	1片
水	700ml
白飯	1碗
起司片（焗烤用）	1片
蛋	1顆
Ⓐ 披薩起司絲	適量
起司粉	適量
麵包粉	適量

作法

❶ — 請參閱P35的❶、❷處理牛筋。

❷ — 洋蔥、胡蘿蔔、馬鈴薯切成適口大小。

❸ — 另取一鍋，倒入牛筋和煮汁加熱，再放高湯塊、月桂葉。若煮汁不夠請加水。接著放❷的蔬菜，煮熟後再加醬塊燉煮。

❹ — 在耐熱容器內依序鋪放飯→起司片→飯，酌量淋上❸。打蛋，均勻撒上Ⓐ，放進已預熱至200℃的烤箱烤至表面焦黃。

少不了這一味！！

激惡飯的特徵就是香料種類豐富。
Gucci先生傳授激惡飯常用的香料，各位要記住喔！

激惡飯的必備元素之一就是「辣」。我家隨時備有各種辣味調味料，但製作激惡飯時，最常用的是「粗粒韓國辣椒粉」。比起日本的辣椒粉，辣度低且風味強烈，好吃到一撒再撒，一吃上癮的神奇香料。「蒜粉」具有生大蒜沒有的獨特美味，和激惡飯相當對味。

另外，或許稱不上是調味料的洋蔥酥和墨西哥醃辣椒也是激惡飯不可或缺的配料。一般家庭很少吃的墨西哥醃辣椒，具有其他食材沒有的特殊酸味與辣味，吃過就會迷上。搭配起司或肉類非常合味，建議各位在家中的冰箱擺一罐備用。

Part 4

下酒菜
激惡飯

OTSUMAMI GEKIWARUMESHI

邪惡指數破表！

越吃越涮嘴，酒也一杯接一杯

10道專屬大人的小惡魔激惡飯

使用厚切培根的豪華版馬鈴薯沙拉

培根馬鈴薯沙拉

材料〈1～2人份〉

馬鈴薯 ························ 2個
洋蔥 ···················· 1/4個
培根塊 ···················· 80g
水煮蛋 ····················· 3個
Ⓐ 美乃滋 ·············· 4大匙
　 鹽 ·················· 1/2小匙
　 胡椒 ················· 少許
　 芥末籽醬 ············ 1大匙

作法

❶ – 馬鈴薯切成5cm塊狀。洋蔥切成薄片，用1撮鹽（材料份量外）搓揉後泡水。

❷ – 培根切成適口大小，放入平底鍋煎上色。

❸ – 另取一鍋倒水（材料份量外），馬鈴薯下鍋加熱。煮軟後取出，瀝乾水分。

❹ – 馬鈴薯趁熱移入調理碗內，再壓爛放涼。

❺ – 接著加培根和瀝乾水分的洋蔥、大略切碎的2個水煮蛋、Ⓐ混拌。

❻ – 盛盤，擺上對半切開的水煮蛋。

一吃就欲罷不能！

橄欖酪梨塔帕斯（西班牙的前菜）

材料〈1～2人份〉

酪梨 ······················· 2個
黑橄欖 ·················· 10粒
Ⓐ 檸檬汁 ·············· 2大匙
　 橄欖油 ·············· 2大匙
　 鹽 ··············· 1又1/2小匙
　 黑胡椒 ·············· 適量
檸檬 ·················· 1/8個
蘇打餅 ·················· 適量

作法

❶ – 用菜刀劃開酪梨，切成兩半，用湯匙挖成適口大小。

❷ – 調理碗內放酪梨、對半切開的黑橄欖、Ⓐ混拌。

❸ – 盛盤，旁邊放檸檬和蘇打餅乾。

馬鈴薯炒香腸

材料〈1～2人份〉

馬鈴薯	1個	橄欖油	1大匙
西班牙香腸		黑胡椒	
（喬利佐）	3根		依個人喜好酌量
洋蔥	1/8個	美乃滋	
鹽	1/2小匙		依個人喜好酌量

作法

1 － 馬鈴薯切成適口大小，下鍋水煮。

2 － 平底鍋內倒橄欖油加熱，放入切成適口大小的香腸和洋蔥拌炒。

3 － 洋蔥炒透後，加馬鈴薯和鹽、胡椒拌炒。

4 － 盛盤，旁邊放美乃滋。

炸魚薯條

材料〈1～2人份〉

鱈魚塊	2塊	Ⓐ 鹽、胡椒	適量	Ⓒ 美乃滋	3大匙
洋蔥	1/4個	酒	1大匙	鹽、胡椒	適量
酸黃瓜	1條	Ⓑ 冰啤酒	80ml	檸檬	1/4個
水煮蛋	1個	鹽	少許	冷凍薯條	
麵粉	100g	蛋	1顆		依個人喜好酌量

作法

1 － 鱈魚塊撒上Ⓐ，靜置約10分鐘。

2 － 麵粉加Ⓑ混拌成麵糊。

3 － 將擦乾水分的鱈魚塊沾裹麵糊，以180℃的油（材料份量外）炸約5分鐘。薯條也下鍋炸熟。

4 － 洋蔥切末，泡水後擠乾水分。酸黃瓜、水煮蛋也切末，和Ⓒ混拌。

5 － 把❸盛盤，旁邊放❹和檸檬。

蒜香辣筍乾

材料〈1～2人份〉

瓶裝筍乾	100g
辣椒	1根
大蒜	1瓣
橄欖油	1大匙
醬油	1小匙
胡椒	依個人喜好酌量

作法

1 － 辣椒去籽切成小段，大蒜切薄片去芯。

2 － 平底鍋內倒橄欖油，放入辣椒、蒜片加熱。

3 － 傳出香氣後，再加上筍乾和醬油拌炒。

4 － 盛盤，撒上黑胡椒。

黑胡椒起司蜂蜜吐司

材料〈1～2人份〉

吐司（8片裝）	1片
起司片（可加熱融化）	1片
黑胡椒	依個人喜好酌量
蜂蜜	1大匙

作法

1 － 將起司片擺在吐司上，放進烤箱烤至表面焦黃。

2 － 盛盤，撒上黑胡椒（建議多撒些）、淋上蜂蜜。

銀芽肉片炒蛋

材料〈1～2人份〉

豬肉	200g	Ⓐ	鹽	1/3小匙
韭菜	1束		胡椒	少許
豆芽菜	1包		高湯粉	1小匙
蛋	2顆		酒	1又1/2大匙
麻油	1又1/2大匙		醬油	1大匙

作法

1 － 豬肉和韭菜切成適口大小。

2 － 蛋先打成蛋液，倒入加了1/2大匙麻油加熱的平底鍋拌炒，炒好後再取出。

3 － 鍋內再倒1大匙麻油加熱，豬肉下鍋炒熟後，依序加入豆芽菜、韭菜、炒蛋和Ⓐ，以大火快炒，最後盛盤就完成了。

大阪燒風蛋包

材料〈1～2人份〉

蛋	2顆
鹽、胡椒	適量
沙拉油	1大匙
大阪燒醬	依個人喜好酌量
炸麵衣屑	依個人喜好酌量
紅薑絲	依個人喜好酌量
海苔粉	依個人喜好酌量
柴魚片	依個人喜好酌量
一味辣椒粉	依個人喜好酌量

作法

1 － 蛋加鹽、胡椒充分攪散，倒入加了沙拉油加熱的平底鍋煎成蛋包。

2 － 盛盤，依個人喜好調味。

納豆泡菜起司豆包

材料〈1～2人份〉

炸豆皮	1片	青蔥	適量
納豆	1盒	黃芥末	適量
泡菜	50g	醬油	適量
披薩起司絲	適量	醋	適量
起司粉	適量		

作法

1 – 炸豆皮切成兩半，打開成袋狀。青蔥切成蔥花。

2 – 在調理碗內倒入納豆、附贈的醬汁、黃芥末、泡菜混拌，填入豆皮，開口處用牙籤固定。

3 – 接著撒上起司絲和起司粉，放進烤箱烤約3分鐘，烤至起司融化。

4 – 盛盤，撒些蔥花，依個人喜好酌量淋上黃芥末、醋、醬油享用。

辣油醃小黃瓜

材料〈1～2人份〉

小黃瓜	1條
Ⓐ 鹽	1小匙
雞粉	1/3小匙
辣油	1/2小匙
麻油	1/2小匙
食用辣油	依個人喜好酌量

作法

1 – 小黃瓜切掉兩端，用削皮器削去約2成的皮，放入塑膠袋，用擀麵棍敲一敲。

2 – 加Ⓐ搓揉，靜置約10分鐘。

3 – 盛盤，淋上食用辣油。

國家圖書館出版品預行編目資料

激惡飯 / 激惡飯製作委員會作；連雪雅譯. -- 臺北
市：三采文化，2019.10
面；公分. -- (好日好食；50)

ISBN 978-957-658-242-4（平裝）
1. 食譜
427.1   108014938

suncolor
三采文化集團

三采健康館 50
激惡飯

作者｜激惡飯製作委員會   譯者｜連雪雅
主編｜鄭雅芳   版權選書｜張惠鈞   選書編輯｜黃迺淳
美術主編｜藍秀婷   封面設計｜李蕙雲   內頁排版｜郭麗瑜

發行人｜張輝明   總編輯｜曾雅青   發行所｜三采文化股份有限公司
地址｜台北市內湖區瑞光路 513 巷 33 號 8 樓
傳訊｜TEL:8797-1234 FAX:8797-1688   網址｜www.suncolor.com.tw
郵政劃撥｜帳號：14319060   戶名：三采文化股份有限公司
本版發行｜2019 年 10 月 30 日   定價｜NT$320

KYODAKE GEKIWARUMESHI by Gekiwarumeshi Seisaku Iinkai
Copyright © 2018 ShoPro
All rights reserved.
Original Japanese edition published by Shogakukan-Shueisha Productions Co., Ltd., Tokyo
This Traditional Chinese edition published by arrangement with Shogakukan-Shueisha Productions Co., Ltd.,
Tokyo in care of Tuttle-Mori Agency, Inc., Tokyo through Bardon-Chinese Media Agency, Taipei.